CONEXIÓN DE TRANSFORMADORES

Prólogo

La distribución de energía eléctrica en base a transformadores monofásicos se emplea ampliamente en los Estados Unidos, especialmente en el Sur de la Florida. El sistema de distribución por medio de líneas áreas, colocadas en crucetas horizontales de madera o de hierro se emplea también en muchos países de Latinoamerica. Este tipo de distribución mediante transformadores monofásicos, colgados en bancos de uno, dos o tres transformadores no se incluye en los cursos de Ingeniería Eléctrica ni de Estados Unidos ni de nuestra América Latina, el ingeniero recién graduado tiene que darse a la tarea de aprender como se instalan, se conectan y que carga lleva cada transformador en un banco de varios transformadores.

El objetivo de este material es dar a conocer como se utilizan los transformadores monofásicos de distribución e manera que el recién graduado, partiendo de los conceptos mas sencillos, tenga toda la referencia mas importante a mano para desarrollar su trabajo.

Indice

1. Como funciona un transformador
1.1 Voltaje inducido
1.2 Frecuencia
1.3 Intensidad de las líneas magnéticas
1.4 Numero de vueltas
2. Transformadores monofásicos
2.1 Polaridad
2.2 Derivaciones en los transformadores
2.3 Pérdidas en los transformadores
3. Suministro de carga utilizando bancos de transformadores monofásicos
3.1 Bancos compuestos por tres unidades monofásicas
3.1.1 Suministro simultáneo de carga monofásica y trifásica
3.2 Bancos compuestos por dos unidades monofásicas

3.2.1 Suministro simultáneo de carga trifásica y monofásica

4. Sobrecarga de los transformadores de distribución
5. Por ciento de impedancia en los transformadores
6. Protección de los transformadores de distribución

1. Como funciona un transformador
1.1 Voltaje inducido

Quizás el término correcto seria "tensión inducida" para indicar diferencia de potencial, pero el termino "voltaje" su usa ampliamente en nuestra América de habla hispana y no vemos contradicción.

Supongamos que colocamos dos magnetos uno frente al otro, un polo sur frente a uno norte. Tendríamos que sujetarlos de manera que no se muevan, todos sabemos que polos iguales se repelen y polos iguales se atraen.

Movamos un pedazo de alambre rápidamente en el entrehierro entre los dos imanes, perpendicular a las líneas de magnéticas. Si conectamos un voltímetro suficientemente sensitivo en los extremos del alambre notaremos que cada vez que se mueve, la aguja indicadora del voltímetro se mueve, indicando que hay una *diferencia de potencial* en los extremos del alambre. La unidad para la diferencia de potencial, como todos los electricistas sabemos, es el *volt,* también llamado incorrectamente *voltio*. De esta manera la diferencia de potencial en los extremos del alambre será el *voltaje inducido* entre sus extremos.

La polaridad de la deflexión de la aguja será en una dirección y en otra cuando el alambre se mueve en dirección contraria. Si movemos el alambre con suficiente rapidez, obtendremos una tensión o *voltaje alterno*. Si conectamos una resistencia en los extremos del alambre, circula *corriente eléctrica* por la misma.

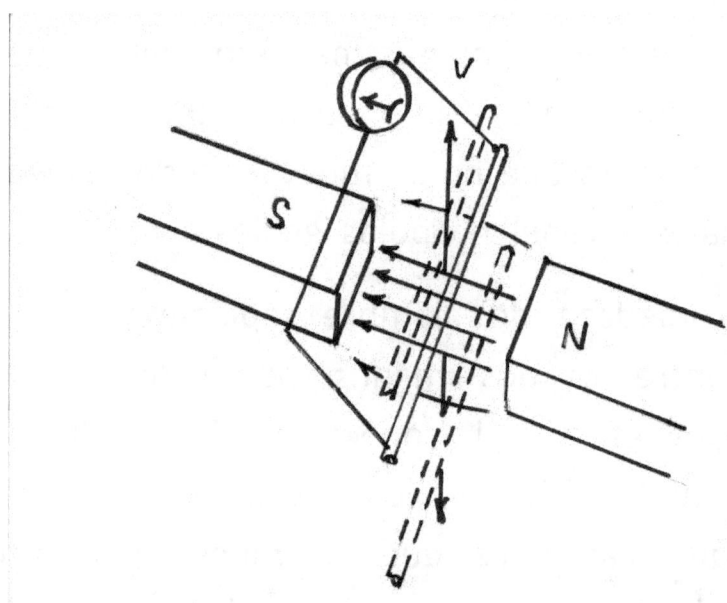

Fig 1.1.1 Movimiento perpendicular de un conductor a través de líneas magnéticas

Este efecto no solamente se obtiene en caso de un simple alambre, sino de cualquier conductor, sea un disco, una barra o cualquier objeto metálico.

Aunque Ud no lo crea, no existe una explicación del por qué esto sucede. Se conoce el efecto, pero no la causa. Sin embargo, la ley de Ohm, las ecuaciones de Maxwell, los teoremas de Kirchoff, Norton, Thevenin, todo el edifico de la electricidad esta construido sobre este sencillo hecho.

Generalizando podemos decir que:

el movimiento relativo de un conductor perpendicularmente a líneas magnéticas induce voltaje en el conductor.

1.2 Frecuencia

Si incrementamos la velocidad del conductor notaremos que el voltaje inducido aumenta, por esto podemos decir que la magnitud del voltaje inducido es proporcional a la velocidad del movimiento, es decir, a *la frecuencia* con que el conductor cambia de posición.

1.3 Intensidad magnética

Si utilizamos imanes más poderosos notaremos que la el voltaje inducido será mayor, por lo que podemos decir que la magnitud del voltaje inducido será mayor si las líneas magnética son mas fuertes. Al conjunto de las líneas magnéticas se le llama *flujo magnético* en la en el lenguaje tecnológico.

1.4 Numero de vueltas

Si agregamos otro conductor en serie con el anterior notaremos que se induce el doble del voltaje que se inducía en un solo conductor. Si agregamos tres conductores, se inducirá un voltaje tres veces mayor y así sucesivamente. Podemos decir que el voltaje inducido depende del número de conductores, o lo que es lo mismo, del numero de vueltas. Generalizando podemos decir que *el voltaje inducido es función del numero de vueltas que se mueven perpendicularmente a las líneas magnéticas.*

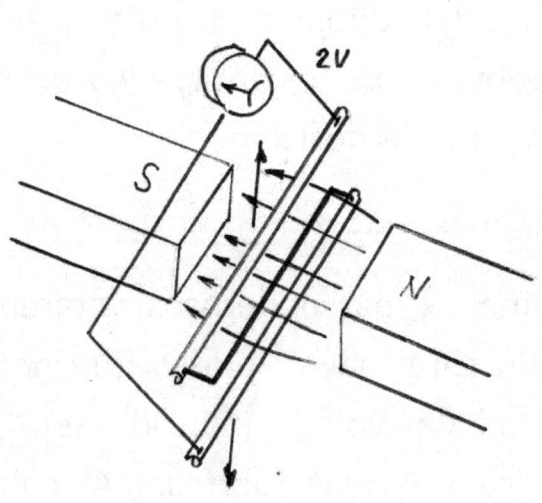

Fig 1.4.1 Voltaje doble inducido por dos conductores en serie moviéndose dentro de las líneas magnéticas.

Podemos generalizar todo lo anteriormente visto y decir que el voltaje inducido depende, o es función de:

1. Frecuencia
2. Intensidad de las líneas magnéticas
3. Numero de conductores conectados en serie

Estos son los principios en base a los cuales trabajan todas las máquinas de inducción de cualquier tipo, rotatorio o estático. Estos principios son válidos para todos.

Todas las máquinas de inducción están diseñadas para ondas de voltaje y corriente sinusoidales. Diferentes tipos de onda darán diferentes resultados de los calculados para ondas sinusoidales, poco rendimiento, calentamiento y en general, pobre desempeño. Para un análisis mas detallado sobre como se representa una onda sinusoide de voltaje y/o corriente mediante vectores ver *Control de la Potencia Reactiva* del mismo autor.

El efecto de una onda distorsionada, diferente de la sinusoide, se analiza mediante el estudio de *armónicos*. Los armónicos son una descomposición matemática de la onda distorsionada. La onda distorsionada se descompone en una serie de ondas sinusoides de distinta magnitud y frecuencia. Después del estudio se analizan los resultados individuales obtenidos para cada onda sinusoide y se sacan conclusiones acerca del comportamiento de la onda original no sinusoide. El análisis de los armónicos esta más allá del alcance de este estudio acerca de los transformadores monofásicos.

En el caso del transformador las líneas magnéticas son las que se mueven a través de un núcleo de hierro. Estas líneas magnéticas moviéndose corta las vueltas enrolladas en el núcleo e induce voltaje en todos los conductores que encuentran en su paso. Por esto es que señalamos que la inducción de voltaje se debe al movimiento perpendicular *relativo* de las líneas magnéticas y los conductores. El fenómeno se produce tanto si las líneas magnéticas son las que se mueven, como si son los conductores los que lo hacen. Los conductores pueden permanecer inmóviles mientras que las líneas magnéticas se mueven, o viceversa.

2. Transformadores monofásicos

El transformador real se compone de dos bobinas o enrollados colocados en un núcleo de hierro. Una de las bobinas es la que produce las líneas magnéticas que se mueven por el núcleo. Como las líneas magnéticas varían de acuerdo a como lo hace la corriente alterna en la bobina principal, las líneas magnéticas se mueven alternativamente, cortando los demás enrollados que se encuentran a su paso en el núcleo. Generalmente la bobina que produce las líneas magnéticas es llamada *bobina o enrollado primario*. La segunda bobina en el núcleo que es cortada por las líneas magnéticas y donde se induce voltaje, se llama *bobina o enrollado secundario*.

El voltaje inducido en el secundario será, como vimos, proporcional al número de vueltas del enrollado. La división del número de vueltas de la bobina primaria y la secundaria se llama *relación de transformación*. La relación entre el voltaje primario y secundario mostrara una relación aproximada mente igual. Si el número de vueltas de la bobina secundaria es la mitad de las de la primaria, el voltaje inducido en el secundario será aproximadamente la mitad del voltaje conectado al lado primario.

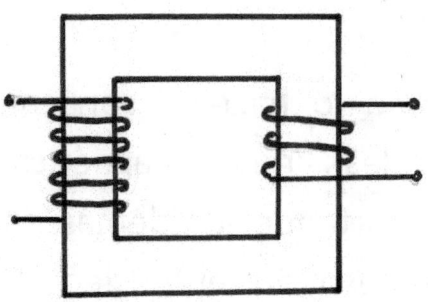

Fig. 2.1 Transformador esquemático

Usamos el término "aproximado" debido a que en el transformador real la relación de transformación no es exactamente igual a la relación del número de vueltas debido a las perdidas, y a las líneas magnéticas dispersas que se escapan del núcleo y se cierran a través del aire, pero es una buena aproximación.

En el transformador esquemático de la figura 2.1 las bobinas se representan en diferentes lados del núcleo, pero en el transformador real están enrolladas en el mismo lado. El núcleo se ensambla formando dos ventanas y tanto la bobina secundaria, como la primaria están enrolladas en el poste central del núcleo. La formación de las dos ventanas hace que menos líneas magnéticas se escapen a través del aire y el transformador funcione mejor. En el transformador real ambas bobinas se enrollan una sobre otra. La bobina de menor voltaje se enrolla más cerca del núcleo, la de mayor voltaje se enrolla sobre esta para que quede más lejos del núcleo y logar de esta forma un mejor aislamiento.

El transformador es reversible, cualquier lado puede ser el primario o el secundario. En los transformadores de distribución, el enrollado que se conecta al lado de alta tensión de la red se considera como el primario y el enrollado de bajo voltaje, generalmente 120-240 V se considera como el enrollado secundario.

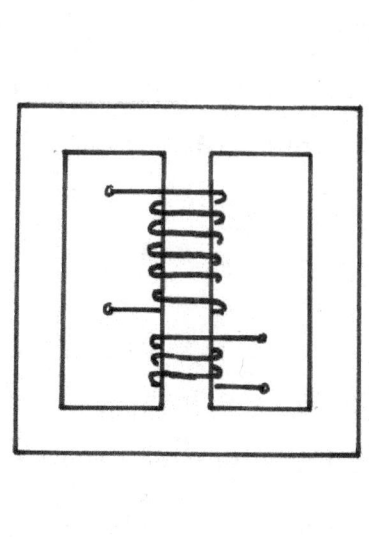

Fig. 2.2 Esquema del transformador práctico

2.2 Polaridad

Estamos acostumbrados al término polaridad en los circuitos de corriente directa, donde hay un polo *positivo* y otro *negativo*.

El transformador monofásico también tiene *polaridad*, pero no para indicar cual lado es positivo y cual negativo, pues como sabemos la corriente alterna cambia de polaridad 60 veces por segundo en Norteamérica, sino para saber en qué dirección se encuentran los voltajes primario y secundario. En Europa y algunos países de América del Sur la variación es 50 veces por segundo.

La polaridad, en el caso de los transformadores de distribución, es para indicar si el voltaje secundario se suma o se resta del primario. Esto es importante saberlo cuando se van a conectar varios transformadores monofásicos para formar un banco trifásico como veremos más adelante.

Siguiendo normas de producción y conveniencia del fabricante, las bobinas primaria y secundaria del transformador pueden enrollarse en *el mismo sentido*, o *en sentido contrario*. Colocando una flecha esquemáticamente sobre el enrollado primario y otra sobre el secundario podemos indicar si los voltajes se suman o se restan.

La polaridad se indica en la chapa del transformador junto con otros parámetros técnicos. En caso de duda podemos determinar la polaridad razonando de la siguiente forma:

Supongamos un transformador con una relación de transformación de 10. Si aplicamos un voltaje de 100 V en el primario debemos obtener 10 V en el secundario. Si la polaridad es sustractiva, un voltímetro conectado como muestra la figura 2.1.1 leerá 100 – 10 = 90 V.

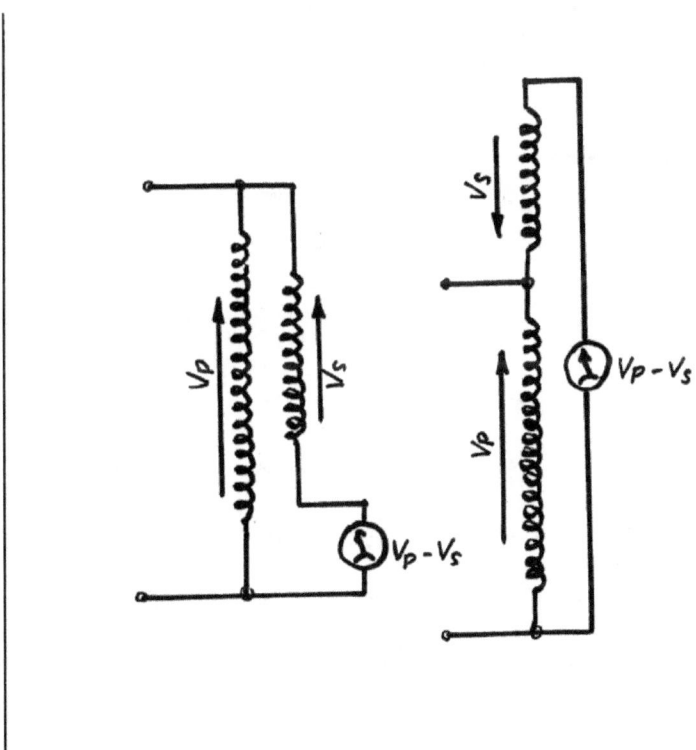

Fig 2.1.1 Polaridad sustractiva

Si las bobinas están enrolladas en sentido contrario, como muestra la figura 2.1.2, la polaridad será aditiva y el voltímetro leerá 100 + 10 = 110 V.

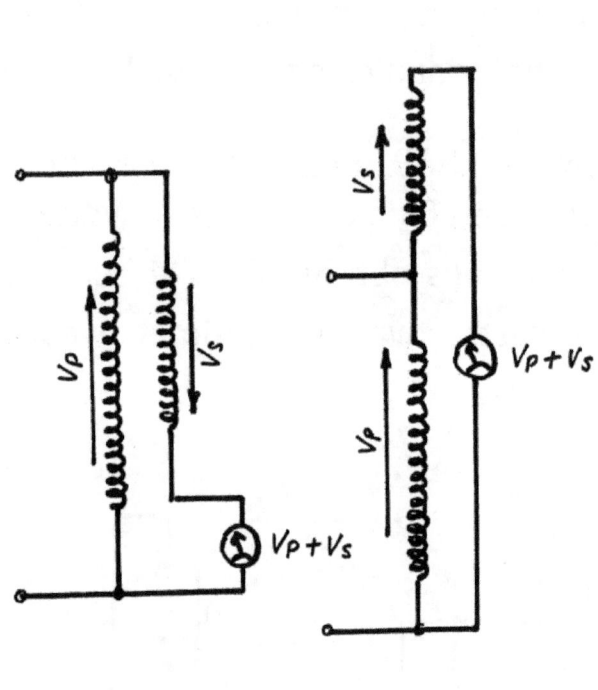

Fig 2.1.2 Polaridad aditiva

Las flechas en los transformadores tanto aditivos como sustractivos, pueden ser considerados como vectores que muestran la posición relativa del voltaje primario y secundario. El diagrama esquemático mostrando las bobinas como si estuvieran en línea recta ayuda a comprender como el voltaje secundario se suma o se sustrae del primario. Para ver como se representa una onda de voltaje o corriente mediante un vector vea *Control de la Potencia Reactiva* por el mismo autor.

2.2 Derivaciones en los transformadores

Las derivaciones son conexiones extra que provee el fabricante para permitir cambios en la relación de transformación, de esta forma el fabricante hace posible la regulación del voltaje en los transformadores de distribución y otros transformadores más pequeños de uso industrial.

Tomemos el transformador con relación de transformación de 100/10 que usamos en el ejemplo de la polaridad. Supongamos que la bobina primaria tiene 100 vueltas y la secundaria 10 vueltas. Supongamos que este transformador simbólico está entregando una potencia de 100 VA. El valor de la corriente circulando en el primario será: 100 VA/100 V = 1 Ampere. La corriente circulando en el secundario será: 100 VA/10 V = 10 A. Las derivaciones pueden colocarse en cualquiera de los dos lados del transformador, sin embargo, desde el punto de vista del fabricante es más conveniente ponerlas en al lado primario donde la corriente es menor y, por tanto, la sección transversal del conductor será menor también. Esto hace que sea más fácil conformar las derivaciones y además, obtener menos calentamiento en la resistencia de contacto del cambiador de derivaciones.

Supongamos que colocamos una derivación al 120%, 110%, 100%, 90% y 80%. En este caso 120% significa 20 vueltas, 110% significa 10 vueltas por encima del valor nominal de vueltas. Por otra parte 90% significa 10 vueltas menos, 80% significa 20 vueltas menos. La figura 2.2.1 muestra un cambiador de derivaciones esquemático.

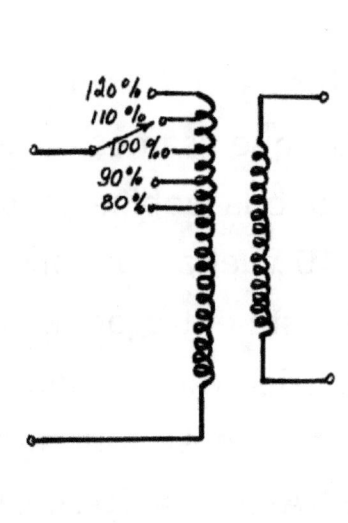

Fig. 2.2.1 Cambiador de derivaciones esquemático

Si el voltaje primario sube a 120 V, necesitamos usar la derivación de 120% para mantener el voltaje secundario invariable. Usando la nueva derivación la nueva relación de transformación será: 120/10 = 12. Dividendo el nuevo voltaje primario entre la nueva relación de transformación obtendremos: 120 V/12 = 10 V. Esto significa que al incrementarse el voltaje primario tenemos que aumentar el número de vueltas en el lado primario para tratar de mantener invariable el voltaje secundario.

En los transformadores de distribución el cambiador de derivaciones se encuentra dentro del tanque del transformador y hay que desenergizarlo para abrir una tapa en la parte superior el tanque y tener acceso al cambiador de derivaciones. Algunos transformadores de menor tamaño también tienen derivaciones para ajustar el voltaje secundario.

2.3 Pérdidas en los transformadores

El transformador tiene perdidas en el núcleo y pérdidas en los conductores. Las variaciones en las líneas magnéticas inducen voltaje no solamente en los conductores de las bobinas, sino en el núcleo mismo también. Como el núcleo es metal en cortocircuito y el voltaje inducido en el núcleo hace circular corriente llamada *corrientes de remolino.*

Si el núcleo del transformador fuera un bloque sólido, las corrientes de remolino producirían un calor tal, que el núcleo se derritiría. Este es el principio en el que funcionan los hornos de inducción. El metal se derrite por el calor generado por las corrientes de remolino.

Para evitar el intenso calor el núcleo del transformador se conforma con láminas aisladas entre sí, de manera que cada corriente de remolino está limitada a su lámina. Este fenómeno ocurre en todas las máquinas de inducción, de manera que en todas ellas se usa núcleo laminado. El metal usado en las láminas del núcleo es un metal especial con alta permeabilidad para facilitar la circulación de las líneas magnéticas.

Las pérdidas del núcleo son llamadas *pérdidas en el hierro*, mientras que las pérdidas en la bobina son llamadas *pérdidas de cobre.* Este término no es afortunado, pues últimamente algunos fabricantes usan alambre de aluminio por su menor costo y peso para enrollar las bobinas. Las pérdidas en el núcleo están siempre presentes, es por esto que las pérdidas en el hierro deben ser tan bajas como sea posible. Algunos fabricantes usan cintas de cobre o de aluminio para formar las ovinas en lugar de alambre. Como las pérdidas son el producto del cuadrado de la corriente multiplicado por la resistencia, las perdidas en las bobinas dependen de la carga del transformador.

Las perdidas pueden ser un factor económico a considerar. Un transformador más costoso con bajas perdidas podría resultar más económico a largo plazo, dependiendo del número de horas de trabajo y la carga del transformador.

3. Suministro de carga utilizando bancos de transformadores monofásicos

En el Sur de la Florida y en otros lugares donde se utiliza la distribución mediante líneas aéreas el suministro de carga eléctrica es muy flexible. La distribución de energía eléctrica se realiza en redes de 13.8 kV entre fases. La distribución aérea se realiza corriendo las fases en crucetas de madera o de hierro, colocadas en postes de concreto o de madera tratada con una resina especial para evitar que se pudra. La madera es más barata y fácil de manipular, el concreto es más duradero pero más pesado.

Algunas veces se descarta la cruceta y se instalan las fases directamente en aisladores que se colocan sobre el poste manteniendo la distancia necesaria entre fases.

Existe distribución soterrada también. En este caso la distribución se realiza mediante cables de alta tensión colocados en trincheras bajo tierra, los transformadores son trifásicos y se colocan en bóvedas soterradas lo más cerca posible del centro de carga.

Aunque en la distribución aérea se corren las tres líneas desde la subestación la distribución de la energía eléctrica se realiza mediante transformadores de distribución monofásicos conectados entre cada fase y el neutro o cable de tierra. Para garantizar una buena conexión a tierra se corre el cable neutro a lo largo del alimentador desde el centro aterrado de la estrella secundaria. Como el sistema de la Florida es 13.8 kV, el voltaje primario de cada no será 13.8 kV/1.73, aprox. 7.9 kV entre fase y tierra. En áreas alejadas que demandan carga ligera se corre solo una fase y se da servicio con un transformador monofásico 7900/240 V conectado entre la fase y el cable de tierra. Si hay demanda de carga trifásica, se corre una segunda fase y se da servicio monofásico y trifásico simultaneo. Si el incremento de carga trifásica es considerable, haya que correr las tres fases y dar servicio con un banco de tres transformadores. El comportamiento del servicio con dos y tres transformadores se discutirá mas adelante.

Como la distribución de carga monofásica se realiza con transformadores monofásicos individuales, hay que ir distribuyendo los transformadores entre las fases lo mas uniformemente posible para mantener balanceada la carga en las tres fases.

Generalmente la carga monofásica encada una de las fases varia durante el día y la noche, es por esto que generalmente se emplean reguladores de voltaje por fase en cada alimentador en la subestación.

La figura 3.1 muestra el sistema esquemático de distribución en base a transformadores monofásicos.

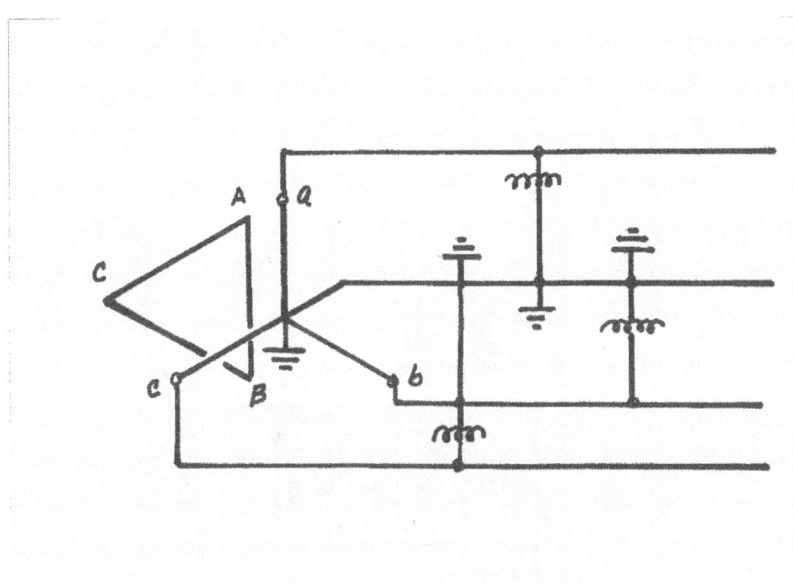

Fig. 3.1 Diagrama esquemático de la distribución monofásica

Los transformadores de distribución están representados con una sola bobina para simplificar el esquema. El sistema delta estrella en la izquierda representa el transformador trifásico en la subestación. Generalmente se usa la conexión delta en el primario para que la corriente circulando dentro de la delta ayude a balancear los voltajes secundarios de cada fase lo mas posible.

Los transformadores de distribución tiene una derivación central que divide el enrollado en dos partes. Entre los dos extremos el voltaje es 240 V, entre cada extremo y la derivación central el voltaje es 120 V. La figura 3.2a muestra un transformador distribución en forma esquemática.

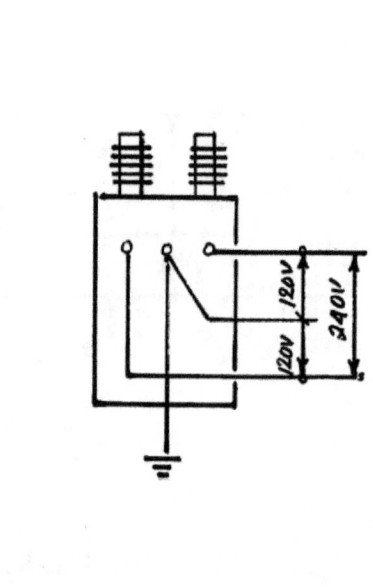

Fig. 3.2ª Representación esquemática de un transformador de distribución

Si el consumidor requiere voltaje monofásico de 120 V se corre un extremo del transformador y un cable desde la derivación central. Un transformador da servicio a varias viviendas, asi que generalmente se hace una red secundaria con conductores horizontales en el poste que van distribuyendo una fase u otra junto con el cable aterrado a cada vivienda. Un extremo del enrollado secundario se denomina fase A y el otro fase B. La figura 3.2b muestra una foto de un transformador real.

Fig. 3.2a Transformador de distribución

Note en figura 3.2b que el cable de arriba es el cable neutro, mientras que los dos de abajo son A y B respectivamente. Cada vivienda se conecta a una de las fases y el cable neutro. Si el consumidor requiere voltaje 240 V, entonces se corren los tres cables a la vivienda para que tenga voltaje 120 y 240 V. La figura 3.2c muestra un sistema en el que la distribución se realiza por cable, no por una red aérea secundaria.

Fig 3.2c Distribución secundaria por cable

La derivación central debe aterrarse porque la suma de los voltajes V_{AN} y V_{BN} tiene que ser igual al voltaje V_{AB}. Si una de las fases A o B esta mas cargada que la otra, la caída de voltaje será mayor y el voltaje de la otra fase subirá. Aterrando lo mejor posible la derivación central se logra que las fases sean mas o menos independientes y el exceso de carga en una fase no afecte a la otra.

3.1 Bancos compuestos de tres unidades monofásicas

Los bancos de transformadores pueden estar compuestos por uno, dos o tres transformadores suministrando carga monofásica, trifásica o ambas. La combinación de carga monofásica y trifásica simultánea puede realizarse con bancos compuestos por dos o tres unidades.

Las tres unidades pueden conectarse en estrella en el primario y estrella en el secundario, esta es una conexión *estrella/estrella*. El primario puede estar conectado en estrella y el secundario en delta o triangulo. Esta será una conexión *estrella/delta*. El lado primario y el lado secundario pueden estar conectados ambos en delta y esta ser una conexión *delta/delta*. No haremos esquema de los enrollados primario y secundario, solo la posición de los voltajes representados por vectores.

Los vectores del lado primario estarán indicados con mayúsculas, A, B y C, mientras que los del lado secundario estarán indicados con minúsculas, a, b y c. Los voltajes primario y secundario señalaran en el mismo sentido si los transformadores son de polaridad sustractiva, y en sentido contrario si son de polaridad positiva. Por qué esto es así lo vimos en el capitulo 2, figuras 2.1.1 y 2.1.2.

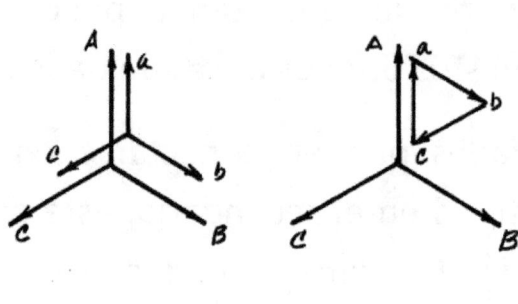

Fig. 3.1.1 posición de los voltajes primario y secundario si la polaridad es sustractiva.

Si empleamos transformadores de polaridad aditiva los vectores representando a los voltajes primario y secundario señalaran en dirección contraria. Esto no tiene importancia dentro de la distribución de carga siempre y cuando la secuencia sea la misma para el sistema de voltajes primario y secundario para evitar que los motores trifásicos de inducción giren a la inversa.

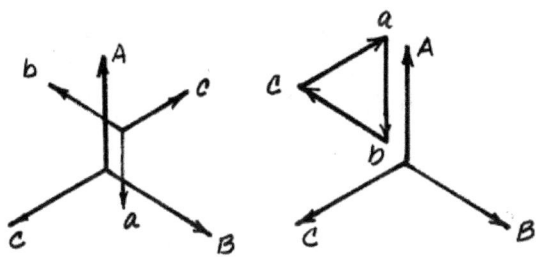

Fig. 3.1.2 Sistema de voltajes primarios y secundarios en caso de transformadores con polaridad aditiva.

Esto mismo es valido para la conexión estrella/delta y delta/delta. La conexión mas utilizada en bancos de dos y tres transformadores es la estrella/delta.

Lo primero a considerar al instalar un banco de dos o tres transformadores es la polaridad.

Ya vimos en la sección 2.1 que la polaridad puede ser aditiva y sustractiva. Si todos los transformadores tienen la misma polaridad, no hay mucho de qué preocuparse.

Si uno de los transformadores tiene distinta polaridad debemos detenernos a analizar cómo hacer la conexión.

Si las unidades no están conectadas correctamente de acuerdo a su polaridad, el voltaje correspondiente a la polaridad contraria queda al revés y ocasiona una distorsión en el sistema de voltaje trifásico haciendo fundir los fusibles y haciendo imposible poner el banco en servicio.

Es sencillo determinar cómo deben conectarse los transformadores si hacemos un esquema previamente colocando las flechas en los enrollados, de acuerdo a la polaridad de cada uno. La figura 3.1.3 muestra una conexión estrella/estrella con los transformadores todos de polaridad aditiva.

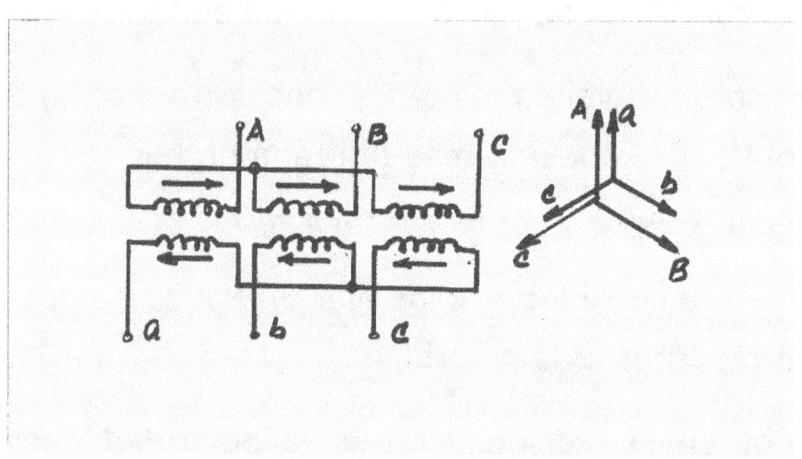

Fig. 3.1.3 Conexión estrella/estrella con transformadores aditivos.

Note que la punta de cada flecha conecta con el trasero de la otra. Si uno de los transformadores tiene que ser remplazado, manteniendo el mismo orden de los terminales puede causar problemas si el transformador remplazado tiene distinta polaridad el voltaje secundario se distorsiona como se muestra en la figura 3.1.4.

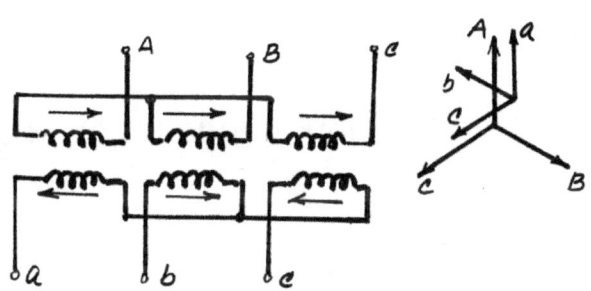

Fig. 3.1.4 Distorsión de voltaje provocado por el transformador b de polaridad inversa.

Para corregir la distorsión solamente debemos respetar el sentido de las flechas invirtiendo la conexión del transformador b, como muestra la figura 3.1.5 .

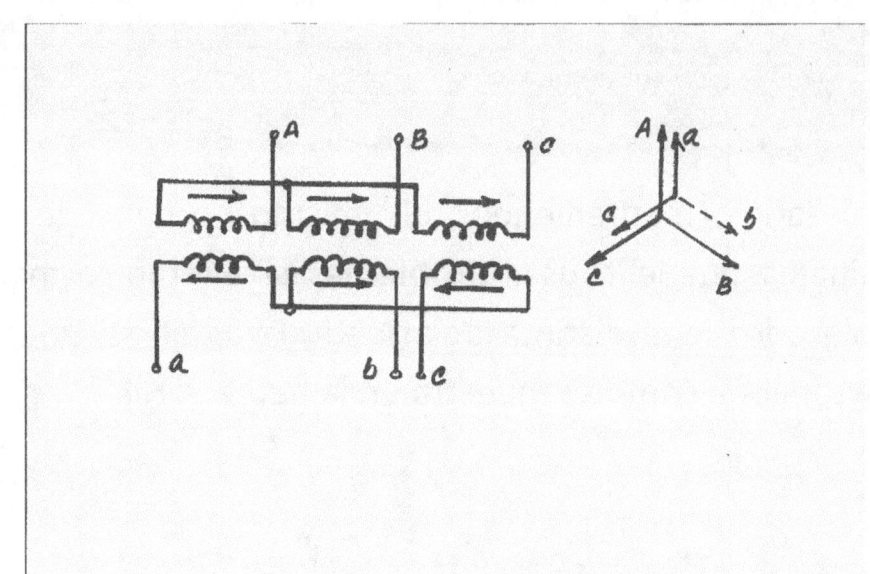

Fig. 3.1.5 Corrección de voltaje invirtiendo la conexión del transformador b

El mismo efecto se logra invirtiendo la conexión en el primario. Dibujamos las flechas todas en el mismo sentido en el primario y dibujamos en sentido inverso la correspondiente al primario obtenemos el mismo resultado. Invirtiendo la conexión primaria logramos corregir el sistema de voltajes en el secundario.

En la conexión estrella delta mostrada en la figura 3.1.6 la distorsión de voltaje puede dañar uno o varios transformadores debido a la gran corriente que circularía dentro de la delta. Lo mismo sucedería en la conexión delta/delta. Note en la figura 3.1.6 que el voltaje en al transformador BC el voltaje V_{BC} ha crecido prácticamente al doble, este voltaje anormal haría circular una gran corriente dentro del triangulo.

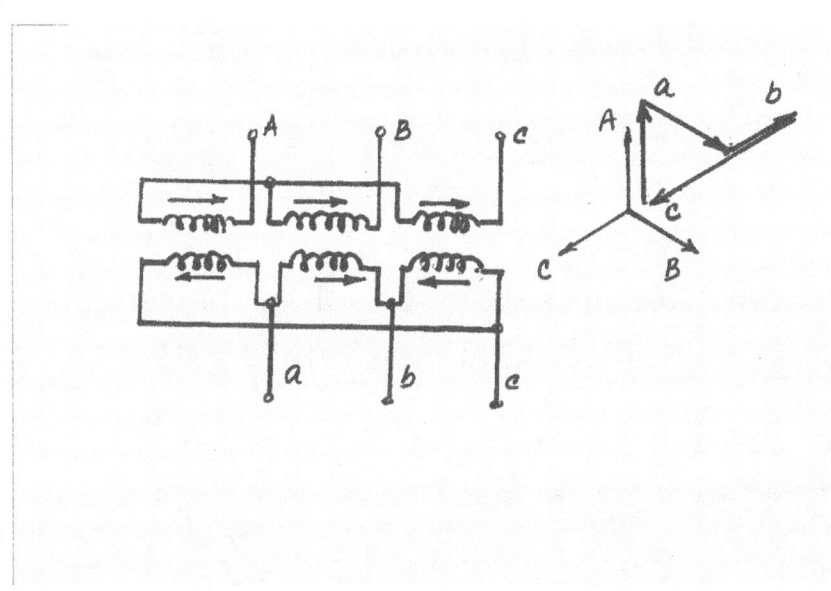

Fig. 3.1.6 Voltaje distorsionado debido la polaridad inversa del transformador ab.

De la misma forma que hicimos en la conexión estrella/estrella, invirtiendo la salida en el transformador AB logramos colocar los vectores secundarios en su posición normal.

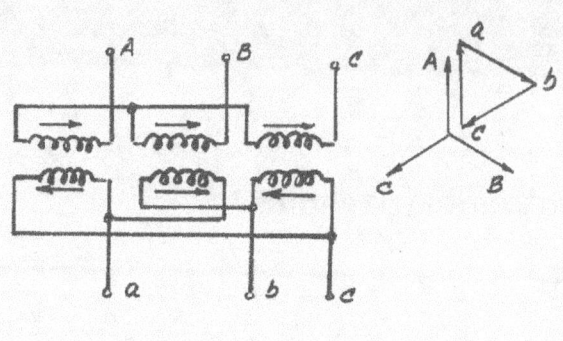

Fig. 3.1.7 Corrección del sistema de voltaje mediante la inversión de la salida del transformador AB

En todos los casos se puede corregir el sistema de voltaje invirtiendo la conexión primaria.

La posición de las flechas de polaridad es relativa, por lo que podemos dibujar todas las flechas en una dirección en el lado primario o secundario y dibujar las del enrrollado opuesto según la polaridad de los transformadores.

La regla de oro es: *Punta de cada flecha conectada al trasero de la siguiente.*

3.1.1 Suministro simultaneo de carga monofásica y trifásica

La carga monofásica se suministra con un transformador monofásico. Qué sucede si tenemos que suministrar carga monofásica y trifásica a la vez? La mayoría de los pequeños consumidores tienen carga monofásica y trifásica que pueden estar funcionando a la vez. El hombre trabajando en el trono puede estar oyendo radio y refrescándose con un abanico doméstico a la vez que usa su torno movido por un motor trifásico. Esto es valido para pequeños talleres e industrias. Una gran mansión puede requerir carga monofásica y trifásica al mismo tiempo.

Si la carga trifásica es considerable, se instala un banco de tres unidades monofásicas para suplir ambas cargas.

El banco mas popular es el conectado en estrella/delta. Uno de los transformadores se toma como base para llevar la carga monofásica. Como forma parte del banco trifásico, tiene que llevar su parte trifásica también. Los otros dos transformadores también tiene que llevar parte de la carga monofásica, de manera que todos tienen que cooperar.

La combinación de carga monofásica y trifásica en los transformadores es vectorial, ya que el factor de potencia de la carga trifásica será distinto al de la monofásica. Sin embargo, la carga varía durante el periodo debido a cargas que entran y salen sistemáticamente.

La mayor parte del tiempo no sabemos exactamente qué carga va a llevar el banco de transformadores, no conocemos el factor de potencia exacto y la demanda es estimada en base a un inventario de carga nominal del consumidor, factores de corrección y, fundamentalmente, sentido común.

Debido a esto podemos determinar que la distribución aritmética de la carga es suficiente para determinar la capacidad de los transformadores a instalar.

Anteriormente dijimos que el transformador de distribución tiene un secundario de 240 V dividido en dos mitades de 120 V cada una. La derivación central se conecta a tierra para evitar el corrimiento de los voltajes debido a desbalance de carga. Si el consumidor requiere 240 V, además de 120 V, se le corren las dos fases a los extremos del secundario y la toma central. En este caso la carga de 120 V debe distribuirse entre las dos fases.

La figura 3.1.8 muestra la relación entre la corriente que circula fuera en la fase y la que circula dentro de la delta.

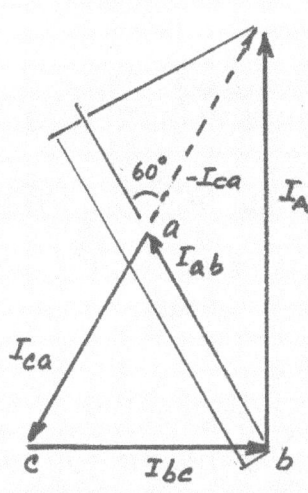

Fig. 3.1.8 Relación entre la corriente de fase y la que circula dentro del triangulo.

Aplicando el teorema de Kirchoff que plantea que la suma de las corriente en un nodo es cero, asumimos que las corrientes que entran son positivas y la que salen son negativas. En la figura vemos que:

$$+ I_{ab} - I_A - I_{ca} = 0$$

Ordenando la relación anterior para despejar la corriente I_A obtenemos:

$$I_A = I_{ab} - I_{ca}$$

Esto quiere decir que tenemos que sumar a I_{ab} vector I_{ca} invertido. Para sustraer un vector de otro se suma el sustraendo invertido.

Como tarea dejaremos al lector probar que $I_A = \sqrt{3}\, I_{ac}$

Este resultado significa que *la corriente que circula dentro del triángulo es 1.73 veces menor que la circula fuera en la fase.*

Otro factor interesante es que *el ángulo de la corriente dentro de la delta es la misma que fuera en la fase.*

3.1.1 Suministro de carga trifásica y monofásica combinada.

Ahora tomemos el secundario de la conexión delta o triángulo para suministrar carga. Dijimos que no usaremos la suma vectorial debido a las imprecisiones en la determinación de la carga. La suma vectorial de las corriente nos dará un resultado ligeramente menos que la algebraica, asi que el empleo de esta última nos da un factor de seguridad.

Consideremos la carga monofásica primero. La figura 3.1.9 muestra como la carga monofásica se divide entre los tres transformadores. Para carga monofásica, los transformadores BC y CA parecen como si estuvieran conectados en seria y a su vez en paralelo con el transformador AB.

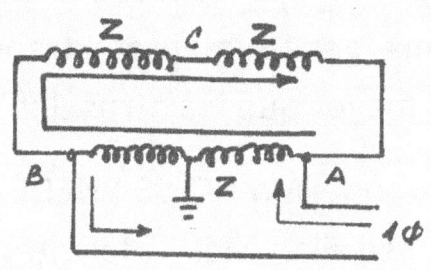

Fig. 3.1.9 División de la carga monofásica en el banco trifásico

Supongamos que los tres transformadores tienen la misma impedancia Z en ohm. La parte de la corriente que circula en el transformador AB será:

$$I_{AB} = 2Z/(2Z + 1Z) \cdot I_A = (2/3) \cdot I_A$$

La parte de la carga trifásica que toman los transformadores AC y BC será:

$$I_B = I_C = Z/(2Z + 1Z) \cdot I_A = (1/3) \cdot I_A$$

El transformador AB lleva 2/3 de la carga monofásica, mientras que los dos transformadores restantes llevan 1/3 de la carga monofásica, ambos el mismo 1/3. Como los dos transformadores llevan el mismo 1/3 no hay contradicción con la suma de fracciones.

Generalmente la carga monofásica es mayor que la trifásica. La capacidad de los tres transformadores no tiene que ser la misma, generalmente el transformador AB tiene una capacidad mayor que los otros dos.

En este tipo de conexión NO SE PUEDE conectar a tierra el centro de la estrella. Mas adelante veremos por qué cuando analicemos le entrega de carga combinada con dos transformadores.

La figura 3.1.10 muestra un banco de transformadores estrella/delta. Note que el transformador del medio es de mas capacidad que los otros dos.

Fig. 3.1.10 Banco de tres transformadores

3.2 Bancos de dos unidades para suministro de carga combinada

Los bancos de dos transformadores para suministro de caga combinada se llama *bancos en delta abierta*. En este caso también se usa un trasformador con la derivación central aterrada para suministro de carga monofásica. Un segundo transformador, generalmente mas pequeño, se usa para suministrar carga trifásica en combinación con el de la derivación central aterrada. Como podemos suministrar voltaje trifásico con dos transformadores solamente? La figura 3.2.1 tiene la respuesta.

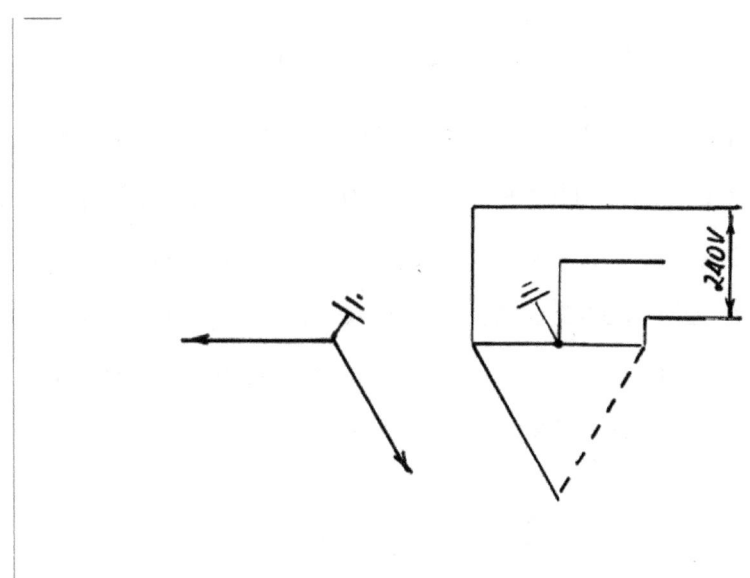

Fig. 3.2.1 Conexión en delta abierta

El tercer voltaje es un voltaje virtual entre los dos lados abiertos del triángulo. En este caso, al contrario de la estrella, es *imprescindible* conectar los dos transformadores al centro de la estrella para logra el ángulo que dará el tercer voltaje virtual. Ahora vemos que se conecta a tierra el centro de la estrella, si falta uno de los transformadores el banco seria capaz de seguir suministrando carga con los restantes dos transformadores conectados en delta abierta. Como la corriente dentro de la delta se la corriente de fase dividida por 1.73, la corriente en el transformador se incrementará en este valor.

3.2.1 Suministro de carga combinada

Al contrario del banco de tres transformadores, el transformador que tiene el centro aterrado (AB) lleva el solo la carga monofásica. Como la corriente completa circula por el transformador de la carga trifásica, el cociente de la carga que lleva el transformador con respecto a la carga trifásica será:

$$kVA_{3\varphi} = 1.73 \cdot kVA_{1\varphi}$$

$$kVA_{1\varphi}/kVA_{3\varphi} = 0.58$$

Es decir, que cada transformadores llevara el 50% de la carga trifásica.

El transformador con la derivación central aterrada llevara una carga total de:

$$kVA_{total} = kVA_{1\varphi} + 0.58 \cdot kVA_{3\varphi}$$

El transformador de la carga trifásica llevara:

$$kVA_{total} = 0.58 \cdot kVA_{3\varphi}$$

La cantidad de carga trifásica que puede llevar esta conexión es limitada, porque en este caso la suma vectorial si es importante, ya que la carga fluye completa a través de cada transformador y al sumarse vectorialmente las cargas puede producirse una distorsión notable del voltaje trifásico. Cada empresa de suministro eléctrico tiene sus normas y limitaciones sobre cuanta carga puede agregarse a la conexión delta abierta sin provocar una distorsión tal de voltaje que produzca calentamiento y bajo rendimiento en los motores trifásicos. La figura 3.2 muestra un banco delta abierta real.

Fig. 3.2 Banco en delta abierta

4. Sobrecarga de los transformadores de distribución.

La mayoría de la carga residencial esta concentrada en la hora pico, generalmente entre la 7.00 PM y las 11.00 PM. Varía de acuerdo con la zona y la época del año. En invierno comienza mas temprano, en verano mas tarde. El objetivo del cambio de la hora de verano es correr la carga pico de manera que la curva de carga se aplane un poco.

La carga normal de una vivienda esta conectada durante 4 o 5 horas, es resto del día el transformador lleva muy poa carga. Para obtener el máximo del transformador de distribución este se diseña teniendo en cuenta la posibilidad de sobrecarga. Como hemos visto el transformador se encuentra colocado en un tanque lleno de un aceite especial. El propósito de este aceite es no solamente aislar la bobina primaria, sino enfriar el transformador al mismo tiempo.

Debido al calor, el aceite mas caliente fluirá hacia arriba y el aceite mas fresco fluirá hacia abajo, creándose una circulación natural dentro del aceite.

Mientras mas caliente este el transformador, mas rápida será la corriente dentro del aceite. Las horas de la anoche favorecen el enfriamiento del transformador, ya que el calor del sol se ha ido, solamente queda el calor asociado a la carga.

Para favorecer el uso mas adecuado del transformador, los fabricantes proveen curvas de sobrecarga donde se determina el por ciento de sobrecarga permitido en base al tiempo de duración de la misma. Mientras mas corto es el tiempo, mayor es la sobrecarga permisible sin dañar el transformador. De esta manera el transformador puede ser inteligentemente sobrecargado sin dañarlo favoreciendo una mejor explotación del mismo al poder usar con seguridad transformadores mas pequeños para carga de corta duración.

Antes de sobrecargar intencionalmente el transformador sebe hacerse un estudio previo de la carga y su duración para obtener lo máximo de la capacidad de sobrecarga sin daño para ninguno de sus componentes.

5. Por ciento de impedancia del transformador de distribución.

Las bobinas del transformador tienen cierta impedancia, esta impedancia crea una caída de voltaje dentro del transformador. Como esta impedancia es fija, la caída de voltaje varía con la carga. Hay dos requisitos para el transformador de distribución: bajas perdidas y baja impedancia.

Cualquier transformador tiene dos valores de impedancia, el valor nominal y el valor real. Como se determina el valor real de la impedancia en función de su valor en por ciento?

Tomemos la ilustración 5.1.

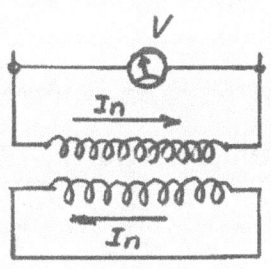

Fig. 5.1 Esquema para determinar al valor real de la impedancia

Hagamos un cortocircuito en el lado secundario y conectemos una fuente de voltaje variable en el otro lado. Incrementemos el voltaje hasta que por ambos enrollados circule la corriente nominal. El por ciento de impedancia será *el resultado de dividir el voltaje aplicado entre el voltaje real multiplicado por cien.*

Por qué esto es así? La impedancia en por ciento se toma en base a la impedancia nominal del transformador.

4.1 $\qquad Z_n = V_n/I_n$

Donde Z_n, I_n, V_n son los valores nominales de impedancia, corriente y voltaje respectivamente.

4.2 $\qquad Z_{ohm} = V_{voltimetro}/I_n$

Impedancia en por ciento será: $(Z_{ohm}/Z_n) \cdot 100$

Dividiendo 4.2/4.1 I_n es la misma en denominador y numerador y se cancela, de manera que:

4.3 $\qquad Z\% = (V_{voltimetro}/V_n) \cdot 100$

Los transformadores de distribución tiene un por ciento de impedancia bajo, entre 2% - 2.5%, los grandes transformadores trifásicos de las subestaciones tiene un por ciento de impedancia entre 5% - 6%.

6. Protección de los transformadores de distribución.

Los transformadores de distribución se protegen generalmente con fusibles. El fusible se coloca en el lado primario, en una capsula sujeta a un cable dentro de la caña de un dispositivo llamado *drop out* en ingles. El material de esta caña que se ve como un tubo esta hecho de un material especial que ayuda a extinguir el arco dentro del mismo cuando el fusible s funde, ya que al romperse el fusible y separarse sus puntas el aire ionizado favorece el r-encendido del arco por la alta tensión en el lado primario.

Cuando se coloca el fusible, el cable sujeto al mismo se tensa en un mecanismo de resorte que tiene el dispositivo drop out. Al fundirse el fusible, el cable pierde su tensión, el dispositivo se afloja y cae, quedando colgando en su bisagra de sujeción. De aquí el nombre drop out.

Es dispositivo caído muestra que el fusible esta fundido, el liniero lo saca de su bisagra con una vara aislada especial, saca los restos del fusible, instala y tensa el nuevo, coloca la caña de nuevo en su bisagra y cierra el dispositivo con u movimiento rápido. La figura 6.1 muestra el dispositivo de protección en el lado primario del transformador.

Fig. 6.1 Dispositivo de protección en el lado primario

Hay fusibles con distintos tiempos de fusión, lo que permite la coordinación de la protección del transformador con mecanismos de protección del consumidor para evitar que un cortocircuito interno haga fundir el fusible. El fabricante de fusibles da curvas de fusión en función de la corriente para cada tipo de fusible, de esta manera pueden coordinarse los tiempos de apertura.

El segundo dispositivo de protección es el pararrayos. El pararrayos debe colocarse tan cerca del transformador de distribución como sea posible. La tarea del pararrayos es cortar la onda de sobrevoltaje que aparece por motivo de la descarga eléctrica. El sobrevoltaje tiene muchos factores, pero básicamente es el producto de multiplicar la corriente de descarga por la resistencia de aterramiento. Si la resistencia de aterramiento no es buena, se producirán sobrevoltajes mas elevados. El pararrayos recorta la onda de sobrevoltaje, de manera que al voltaje impuesto al enrollado no dañe el aislamiento de las bobinas.

La descarga atmosférica es de muy corta duración, en el rango de los micro- o los milisegundos. No hay tiempo suficiente para generar calor, pero le onda de sobrevoltaje generada puede perforar el aislamiento del transformador. Una mayor descarga puede ocurrir mas tarde dañando e inutilizando el transformador.

Un bajo valor de resistencia de aterramiento no solamente evita distorsión en los voltajes del consumidor, sino protege al transformador al proveer una vía de escape a la corriente de la descarga.

La figura 6.2 muestra en pararrayos en la vida real.

Fig. 6.2 Pararrayos para protección contra descargas atmosféricas.

Puedes dejar tu opinión en un review, en http://reactivepower.blogspot.com, o escribe a rafbarr45@yahoo.com.

Si te pareció interesante puedes recomendarlo a otros que tengan el mismo interés en este asunto.

www.ingramcontent.com/pod-product-compliance
Lightning Source LLC
Chambersburg PA
CBHW071825170526
45167CB00003B/1420